DES MUSCLES PECTORAUX

DANS LA SÉRIE DES MAMMIFÈRES DOMESTIQUES

DÉTERMINATION DE LEURS HOMOLOGIES AVEC CEUX DE L'HOMME

RÉFORME DE LEUR NOMENCLATURE.

Par M. X. LESBRE, professeur d'anatomie.

Les muscles pectoraux se portent, de chaque côté, du sternum aux premiers rayons du membre thoracique; ils occupent le dessous de la poitrine chez les quadrupèdes, le devant de la poitrine chez l'homme. Les auteurs ne s'entendent pas relativement à leur dénombrement, à leur équivalence dans les différentes espèces et à leur dénomination. Depuis longtemps déjà ces divergences nous avaient frappé et nous songions à apporter quelque lumière sur la question, lorsque nous eûmes connaissance d'un travail considérable de M. Bertram C. A. Windle, élève de Macalister, paru dans « *Les Transactions de l'Académie royale d'Irlande, novembre 1889* » qui envisage les muscles pectoraux dans la série tout entière des mammifères. Nous pensions dès lors n'avoir plus qu'à présenter au lecteur les conclusions de ce travail, et ce n'est pas sans quelque dépit que nous voyions se perdre le fruit de nombreuses et laborieuses dissections. Mais, traduction faite, nous avons constaté que ces conclusions ne sont pas exactement les nôtres, et nous avons relevé diverses lacunes ou erreurs en ce qui concerne nos grands animaux domestiques, sujets de dissection difficiles à se procurer en dehors des écoles vétérinaires. C'est pourquoi nous croyons que le sujet n'est pas complètement défloré et qu'il y a intérêt à le reprendre *ab ovo*, au point de vue de l'anatomie vétérinaire.

Nous décrirons d'abord sommairement les muscles pectoraux dans les différentes espèces envisagées, en nous appuyant sur des dessins dont le lecteur voudra bien nous pardonner l'imperfection; puis nous les comparerons un à un, d'une espèce à l'autre, de manière à établir leurs homologies, et à déduire, autant que possible, le plan de construction de la région.

Solipèdes (fig. 1). — La région pectorale ou axillaire comprend quatre muscles dénommés par Girard : *sterno-huméral, sterno-aponévrotique, sterno-trochinien, sterno-pré-scapulaire*. Nous verrons plus loin que c'est à tort que M. Chauveau a associé ces organes deux à deux pour en faire un pectoral superficiel et un pectoral profond, équivalents du grand et du petit pectoral de l'homme. (Voy. *Traité d'anatomie comparée des animaux domestiques*, Chauveau et Arloing.)

Fig. 1. — Solipèdes.

I. Sterno-huméral (épisternal).
II. Sterno-aponévrotique (pecto-transversal).
III. Sterno-trochinien ,. cto-abdominal).
IV. Sterno-pré-scapulaire (pré-scapulaire).
MH. Mastoïdo-huméral.
B. Biceps brachial.
1, 2, 3, 4, 5, 6, 7, 8. Lieux d'articulation des côtes sternales.

a) Le sterno-huméral (I) (portion antérieure du commun au bras et à l'avant-bras de Bourgelat, Girard, Rigot — portion antérieure du pectoral superficiel de Chauveau, Franck, Leyh) fait une saillie notable sous la peau du poitrail ; il s'insère d'une part sur le côté de l'appendice trachélien du sternum et en dessous de la première articulation costale, d'autre part en bas de la crête antérieure de la gouttière de torsion de l'humérus, en commun avec le mastoïdo-huméral (M H), et sur l'aponévrose d'enveloppe du biceps brachial (B). — Il forme avec le mastoïdo-huméral un interstice où est logée la veine céphalique, dite veine de l'ars.

b) Le *sterno-aponévrotique* (II) (portion postérieure du commun au bras et à l'avant-bras de Bourgelat, Girard, Rigot — portion postérieure du pectoral superficiel de Chauveau, Franck, Leyh) est pâle et membraneux ; son bord antérieur s'insinue sous le sterno-huméral et adhère à ce muscle. Il s'attache : 1° sur la carène sternale, depuis le niveau de la première côte, jusqu'à la quatrième ou cinquième ; 2° soit sur l'humérus et l'enveloppe du biceps en commun avec le sterno-huméral, soit par la plus grande partie de ses fibres en dedans de l'avant-bras, sur un fascia qui recouvre l'aponévrose anti-brachiale.

c) Le *sterno-trochinien* (III) (grand pectoral de Bourgelat, Girard, Rigot — portion postérieure du pectoral profond de Chauveau, Franck, Leyh) est le plus considérable des quatre ; il est situé sous les précédents dont il croise obliquement la direction ; il s'étend en arrière sur la tunique abdominale et adhère au peaucier par son bord externe. Il s'insère d'une part sur la partie postérieure du sternum à partir de la quatrième côte, et jusque sur la tunique abdominale ; d'autre part : 1° sur l'aponévrose qui enveloppe le tendon supérieur du biceps dans la coulisse bicipitale en recouvrant l'insertion trochinienne du sus-épineux ; 2° sur le trochin ; 3° sur le tendon d'origine du coraco-huméral.

d) Le *sterno pré-scapulaire* (IV) (petit pectoral de Bourgelat, Girard, Rigot—portion antérieure du pectoral profond de Chauveau, Franck, Leyh) est un curieux muscle infléchi, situé en avant du sterno-trochinien, en dessous du sterno-huméral. Il s'attache sur le sternum en dessous du sterno-aponévrotique, jusqu'au niveau de la quatrième articulation costale, ainsi que sur l'extrémité des quatre premières côtes ; il s'infléchit sur l'angle scapulo-huméral et se termine en pointe au-devant de l'épaule, sous le mastoïdo-huméral, le long du sus-épineux.

Nota. — Les muscles d'un côté ne sont séparés de ceux du côté opposé que par la carène sternale, sorte de bréchet cartilagineux, dont le développement tient à l'épaisseur même des muscles disposés de part et d'autre.

Dans les autres espèces que nous allons envisager, les pectoraux d'un côté viennent aussi s'adosser, au-dessous du sternum, à ceux du côté opposé, mais par l'intermédiaire d'un simple raphé fibreux, de telle sorte que le sternum n'a pas de carène.

Dans l'homme, les pectoraux ne se rejoignent pas et laissent à nu une partie de la face antérieure du sternum.

Porc (fig. 2). — Chez cet animal les pectoraux ne diffèrent pas beaucoup de ce qu'ils sont chez les solipèdes.

Le *sterno-huméral* (I) est peu épais, il s'insère : 1° sur l'appendice trachélien du sternum ; 2° sur la crête humérale en s'insinuant en dedans du mastoïdo-huméral.

Le *sterno-aponévrotique* (II) est très mince et très adhérent au précédent dont il ne se distingue que par sa couleur plus pâle. Il s'insère : 1° sur le sternum jusqu'au niveau de la troisième côte; 2° en bas de la crête humérale et sur la face interne de l'avant-bras.

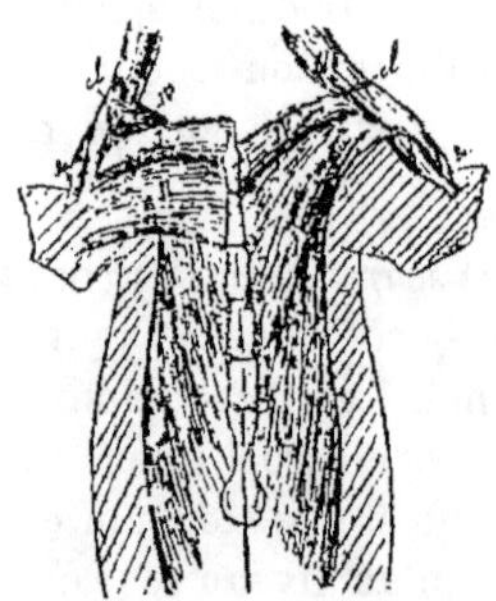

Fig. 2. — Porc.

I, II, III, IV. Comme dans fig. 1.
MH. Mastoïdo-huméral.
cl. Clavicule.
B. Biceps.
Ba. Brachial antérieur.
1, 2, 3, 4, 5, 6, 7. Lieux d'articulation des côtes.

Le *sterno-trochinien* (III) est très étendu, épais et foncé en avant, mince et pâle dans sa partie postérieure ; il adhère intimement au panicule charnu et au grand dorsal. — Il s'insère : 1° sur le sternum, à partir de la deuxième côte jusqu'à son extrémité postérieure, ainsi que sur l'aponévrose abdominale ; 2° sur le trochiter et la lèvre externe de la coulisse bicipitale, sur le trochin, enfin sur l'apophyse coracoïde en s'insinuant sous l'insertion inférieure du sus-épineux.

Le *sterno pré-scapulaire* (IV) est un muscle cylindroïde, réfléchi au devant de l'épaule, se clivant aisément en deux faisceaux placés l'un au devant de l'autre. Il s'insère : 1° sur l'angle formé par l'appendice antérieur du sternum avec la première côte ; 2° le long du sus-épineux jusqu'à l'angle cervical du scapulum. Au niveau de son inflexion, quelques fibres se détachent pour se terminer sur une intersection fibreuse du mastoïdo-huméral (cl), qui représente évidemment une clavicule rudimentaire.

Bœuf (fig. 3). — *Le sterno-huméral* (I) est peu épais, de couleur foncée. Il s'insère : 1° en dessous de la première pièce sternale où il est séparé de celui du côté opposé par l'attache des sterno-mastoïdiens ; 2° en bas de la crête humérale avec l'extrémité du mastoïdo-huméral, ainsi que sur une petite étendue de l'aponévrose anti-brachiale.

Le *sterno-aponévrotique* (II) est très pâle, très mince vers son bord postérieur ; il s'insinue sous le sterno-huméral jusqu'au voisinage de son bord antérieur, en lui adhérant beaucoup. Il s'insère : 1° sur la moitié postérieure de la première pièce sternale et sur les quatre pièces suivantes jusqu'au niveau de l'articulation de la sixième côte ; 2° soit sur l'humérus en commun avec le sterno-huméral, soit principalement sur la face interne de l'avant-bras.

Le *sterno-trochinien* (III) est très étendu, particulièrement sous l'épaule. Il s'insère : 1° sur toute la longueur du sternum à partir de la deuxième articulation costale, ainsi que sur la tunique abdominale ; 2° sur le sommet du trochiter, l'aponévrose d'enveloppe du tendon supérieur du biceps, le trochin, le tendon du coraco-huméral, enfin sur le fascia qui couvre les muscles, les vaisseaux et les nerfs de la face interne du bras ; là il contracte adhérence avec l'aponévrose humérale du grand dorsal.

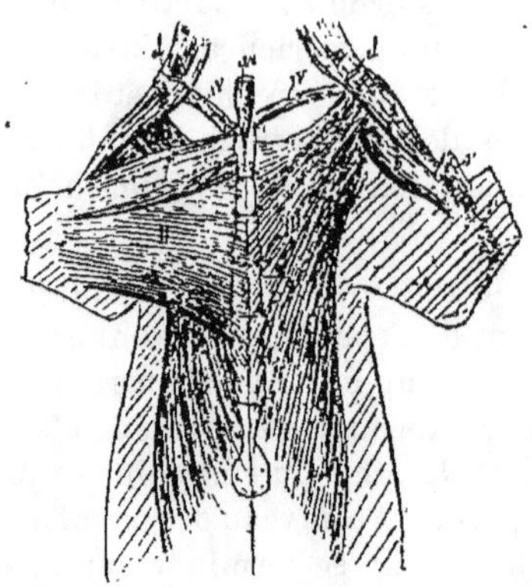

Fig. 3. — Bœuf.

I, II, III, IV. Comme dans fig. précédentes.
MH. Mastoïdo-huméral.
cl. Clavicule.
B. Biceps.
SM. Sterno-mastoïdiens.
I'. Section du sterno-huméral.
II'. Section du sterno -aponévrotique.
1, 2, 3, 4, 5, 6, 7, 8. Lieux d'articulation des côtes.

Sterno pré-scapulaire (IV). Bourgelat, Girard, Leyh écrivent dans leurs traités d'anatomie que le sterno pré-scapulaire manque chez les ruminants et les carnivores domestiques. — Franck, après avoir dit que ce muscle fait défaut chez les ruminants émet l'opinion qu'il est représenté par une petite portion du sterno-trochinien, laquelle s'attache sur l'extrémité inférieure du sus-épineux. Rigot, Chauveau mentionnent, dans le bœuf, un sterno pré-scapulaire, « à peine distinct du sterno-trochinien et ne remontant pas au-delà de l'extrémité inférieure du sus-épineux » ; ce sterno pré-scapulaire serait même tout-à-fait confondu avec le sterno-trochinien dans le mouton, d'après M. Chauveau.

A notre avis, la vérité ne se trouve ni dans l'une ni dans

l'autre de ces opinions : il n'est pas vrai que le sterno-pré-scapulaire fasse défaut chez le bœuf et le mouton ; mais le muscle décrit sous ce nom par Rigot et Chauveau n'est qu'un faisceau plus ou moins facilement isolable du sterno-trochinien. Le vrai sterno-pré-scapulaire a été décrit jusqu'à ce jour dans la région cervicale inférieure, comme un chef sternal du mastoïdo-huméral ; c'est une petite bandelette qui part de l'extrémité du premier cartilage costal et de la partie adjacente du sternum, s'élève au-devant de l'angle de l'épaule et se termine à la face interne du mastoïdo-huméral, au niveau d'une intersection fibreuse de ce muscle qui représente, de même que chez le porc, un rudiment de clavicule. Meckel se demande si ce petit muscle ne représenterait pas le sous-clavier de l'homme ? Contentons-nous, pour le moment, d'établir que c'est le sterno-pré-scapulaire, sauf à discuter dans la suite l'équivalence du sterno pré-scapulaire des animaux et du sous-clavier de l'homme.

MOUTON (fig. 4). — Le *sterno-huméral* (I) est une bande rouge vif s'insérant d'une part sur la première pièce sternale, d'autre part sur la crête humérale et le ligament latéral interne de l'articulation du coude.

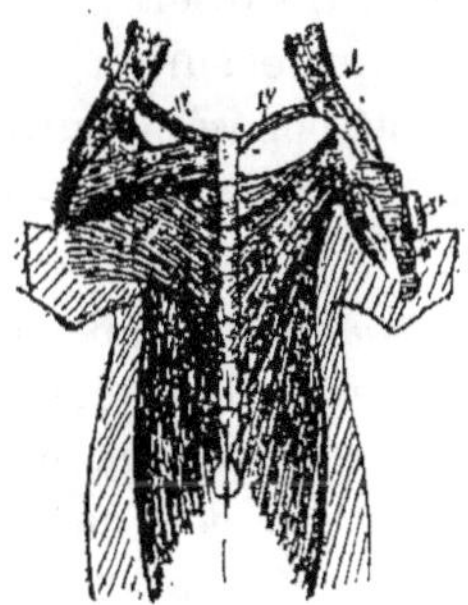

Fig. 4. — MOUTON.

I, II, III, IV. Comme dans fig. précédentes.
MII. Mastoïdo-huméral.
cl. Clavicule.
1, 2, 3, 4, 5, 6, 7, 8. Lieux d'articulation des côtes.

Le *sterno-aponévrotique* (II) est très pâle, confondu en arrière et en dedans avec le sterno-trochinien; il déborde le sterno-huméral en avant. Il s'insère: 1° sur les quatre ou cinq premières pièces sternales; 2° sur la crête humérale en dedans du mastoïdo-huméral et du sterno-huméral, ainsi que sur la face interne de l'avant-bras.

Le sterno-trochinien (III) ressemble beaucoup à celui du bœuf, sauf qu'il est moins large en dessous de l'épaule; il se confond avec le peaucier en dehors, avec le sterno-aponévrotique en dedans et en avant. Il s'insère : 1° sur toute la longueur du sternum, à l'exception de la première pièce ainsi que sur la tunique abdominale; 2° sur l'aponévrose d'enveloppe du tendon supérieur du biceps, la lèvre externe de la coulisse bicipitale jusqu'au sommet du trochiter, le trochin et le tendon du coraco-huméral.

Le *sterno-pré-scapulaire* (IV) est exactement semblable à celui du bœuf, s'étendant comme chez ce dernier, de la première articulation sterno-costale à la face interne du mastoïdo-huméral, vers l'intersection claviculaire. Il fait quelquefois défaut. (Voir ci-dessus les interprétations admises jusqu'à ce jour).

Chien (fig. 5). — *Le sterno-huméral* (I) est une bande d'un centimètre et demi de largeur et d'un demi-centimètre d'épaisseur en moyenne. Il s'insère d'une part sur l'appendice trachélien du sternum, et sur un raphé pré-sternal qui le sépare de celui du côté opposé, d'autre part sur la crête humérale, en dedans du mastoïdo-huméral et sans se confondre avec lui.

Le *sterno-aponévrotique* (II) est un muscle quadrilatère, plus épais en avant qu'en arrière, débordant en avant le sterno-huméral qu'il croise obliquement en dessous. Il s'insère : 1° sur les deux premières pièces sternales ; 2° sur toute la longueur de l'humérus, depuis le côté externe du trochiter jusqu'en bas de la crête antérieure de la gouttière de torsion, en s'insinuant en dedans du mastoïdo-huméral et du sterno-huméral.

Le *sterno-trochinien* (III) est très développé, bien qu'il ne dépasse pas en arrière la dernière pièce sternale. Il s'insère :

1º sur toute l'étendue du sternum, moins la moitié ou les deux tiers antérieurs de la première pièce ; les fibres les plus postérieures partent de l'aponévrose abdominale à quelques millimètres de la ligne blanche ; 2º sur la lèvre externe de la coulisse bicipitale, directement ou par l'intermédiaire de l'aponévrose d'enveloppe du tendon supérieur du biceps, et jusqu'au sommet du trochiter en passant en dessous de l'insertion inférieure du sus-épineux.

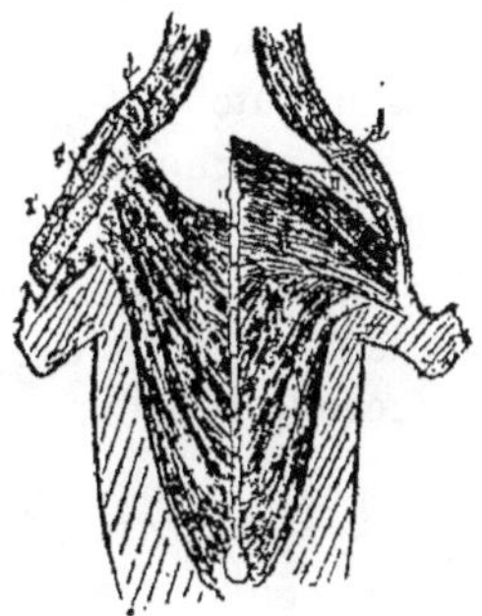

Fig. 5. — CHIEN.

I, II, III. Comme dans fig. précédentes.
p. Faisceau aberrant du pannicule charnu.
I'II'. Sections des muscles sterno-huméral et sterno-aponévrotique.
MH. Mastoïdo-huméral.
cl. Clavicule.
B. Biceps.
1, 2, 3, 4, 5, 6, 7, 8, 9. Lieux d'articulation des côtes.

A l'exemple de Leisering, nous considérons comme une dépendance du pannicule charnu une bandelette d'un centimètre et demi à deux centimètres de largeur appliquée superficiellement sur la partie postérieure du sterno-trochinien, et s'insérant d'une part sur la partie antérieure de la dernière pièce sternale, d'autre part sur l'aponévrose d'enveloppe du biceps, à mi-longueur du bras environ ; cette dernière insertion est plus ou moins confondue avec l'insertion humérale du grand dorsal et celle de la partie restante du peaucier (voy. fig. 5, p). Ce faisceau n'est pas mentionné par les anatomistes vétérinaires français, il est cependant bien distinct surtout à son insertion externe ; nous aurons lieu de revenir sur son compte.

Quant au *sterno-pré-scapulaire*, Bourgelat, Girard, Leyh, Franck disent qu'il n'existe pas ; Rigot, Chauveau, considèrent comme tel un faisceau sous-jacent au bord antérieur du sterno-trochinien et s'insérant d'une part sur la deuxième pièce du sternum et la moitié postérieure de la première, et d'autre part sur le sommet du trochiter. Ce faisceau est plus ou moins facilement isolable, suivant les sujets ; étant donnée la grande dissociabilité du sterno-trochinien, nous le considérons comme en étant une partie intégrante, de même que chez les ruminants ; d'ailleurs, en admettant même son autonomie, nous pensons qu'il n'est point assimilable au sterno-pré-scapulaire. Celui-ci s'insère toujours sur les parties adjacentes du sternum et de la première côte, et au-devant du sus-épineux ; il n'existe pas chez le chien ; un coup d'œil jeté sur la figure 5 suffira pour en convaincre le lecteur.

CHAT (fig. 6). — Le *sterno-huméral* (I) (pecto-antébrachial de Strauss-Durckeim) est pâle, mince et très allongé. Il part de l'appendice antérieur du sternum, se joint au mastoïdo-huméral vers l'angle de l'épaule et se termine avec ce muscle sur la crête humérale et jusque sur l'aponévrose antibrachiale du côté interne.

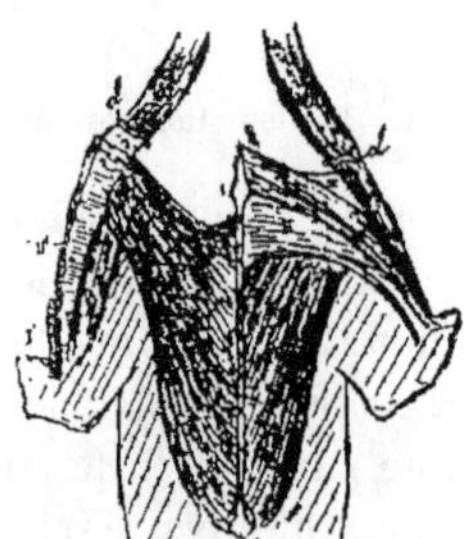

Fig. 6. — CHAT.

I, II, III. Comme dans fig. précédentes.
MH. Mastoïdo-huméral.
cl. Clavicule.
B. Biceps.
I'II'. Sections des muscles sterno-huméral et sterno-aponévrotique.
1, 2, 3, 4, 5, 6, 7, 8, 9. Lieux d'articulation des côtes.
   (Quelquefois le sternum ne comprend que sept pièces au lieu de huit.)

Le *sterno-aponévrotique* (II) (large pectoral de Strauss-Durckeim) croise obliquement en dessous le précédent; il est épais en avant, mince en arrière. Il s'attache : 1° sur les deux premières pièces du sternum ainsi que sur un raphé fibreux pré-sternal; 2° sur l'humérus depuis le côté externe du trochiter jusqu'au bas de la crête antérieure de la gouttière de torsion. Un grêle et pâle faisceau se détache de son bord postérieur et se prolonge jusqu'au côté interne de l'aponévrose antébrachiale : c'est le deuxième chef du pecto-antébrachial de Strauss-Durckeim.

Le *sterno-trochinien* (III) (grand pectoral de Strauss-Durckeim) est mince et très étendu bien qu'il ne dépasse pas en arrière la dernière pièce sternale; à son bord externe il se confond avec le peaucier. Il s'attache sur toute la longueur du sternum, à l'exception du premier segment; toutefois l'appendice xiphoïde étant noyé dans la paroi abdominale, les fibres postérieures de ce muscle s'insèrent au-dessous sur l'aponévrose abdominale. Il se termine sur la lèvre externe de la coulisse bicipitale jusqu'au sommet du trochiter et sur l'aponévrose d'enveloppe du biceps. La partie postérieure du sterno-trochinien du chat, celle qui s'insère au-dessous de la dernière pièce du sternum est décrite isolément par Strauss-Durckeim, comme le deuxième chef de son grand pectoral; Windle en fait un muscle indépendant; nous pensons qu'il n'y a là qu'une division artificielle comme on pourrait en faire bien d'autres dans des muscles aussi dissociables que les pectoraux.

Le *sterno-pré-scapulaire* n'existe pas, comme chez le chien. Le petit muscle décrit par Strauss-Durckeim sous le nom de *sterno-trochitérien* est en tout semblable au faisceau détaché du bord antérieur du sterno-trochinien du chien, et doit être interprété de la même manière.

Lapin (fig. 7). -- Le *sterno-huméral* (I) se distingue aisément du sterno-aponévrotique, à sa couleur plus foncée. Il s'insère d'une part sur l'appendice antérieur du sternum, d'autre part, sur la crête humérale, en dedans du mastoïdo-huméral.

Le *sterno-aponévrotique* (II) est extrêmement mince vers

son bord postérieur où il tend à se confondre avec le sterno-trochinien. Il s'insère : 1° sur les trois premières pièces du sternum ; 2° sur le trochiter et la crête humérale jusqu'au niveau de l'extrémité du mastoïdo-huméral.

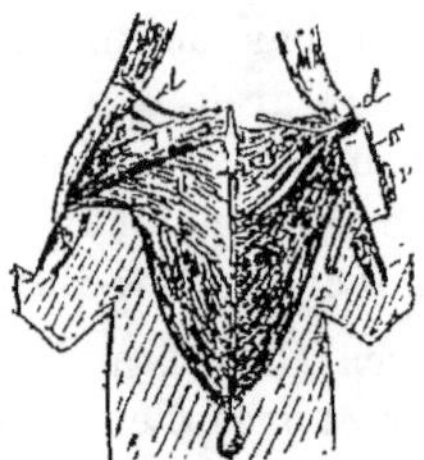

Fig. 7. — Lapin.

I, II, III, IV. Comme dans fig. précédentes.
MH. Mastoïdo-huméral.
cl. Clavicule.
I'II'. Sections des muscles sterno-huméral et sterno-aponévrotique.
B. Biceps.
1, 2, 3, 4, 5, 6, 7. Lieux d'articulation des côtes.
(Assez souvent le sternum présente sept pièces au lieu de six).

Le *sterno-trochinien* (III) est moins étendu que dans le chien et le chat. Il s'insère d'une part sur le sternum, depuis son troisième segment inclusivement jusqu'à son extrémité postérieure, d'autre part sur la lèvre externe de la coulisse bicipitale, le sommet du trochiter, l'aponévrose d'enveloppe du biceps, le trochin, le tendon du coraco-huméral et la capsule articulaire scapulo-humérale.

Ce muscle se laisse facilement diviser en deux portions placées l'une au devant et légèrement au-dessous de l'autre, ainsi que cela se produit chez le chat.

Le *sterno-pré-scapulaire* (IV) est mince et triangulaire ; ses fibres, parties des deux ou trois premiers segments sternaux convergent en dehors, croisent la clavicule obliquement en dessous en y prenant quelques attaches, et se terminent, après inflexion, le long du bord antérieur de l'épaule, sur l'aponévrose du sus-épineux. Les faisceaux antérieurs de cet organe sont assez faciles à séparer.

HOMME (fig. 8). — On décrit chez l'homme le grand pectoral, le petit pectoral et le sous-clavier.

Le *grand pectoral* (G P) est un énorme muscle superficiel, de forme triangulaire, qui s'insère d'une part sur le bord antérieur de la clavicule, sur la face antérieure du sternum et sur l'aponévrose abdominale du grand oblique, enfin sur les cartilages des 2e, 3e, 4e et 5e côtes. D'autre part il se termine à la lèvre externe de la coulisse bicipitale par un tendon plié en deux lames, ainsi que le montre la figure 8 (côté gauche T). La lame antérieure ou superficielle de ce tendon reçoit les faisceaux descendants, tandis que la lame profonde qui s'élève plus haut sur l'humérus, parfois même jusqu'au sommet du trochiter, reçoit les faisceaux restants.

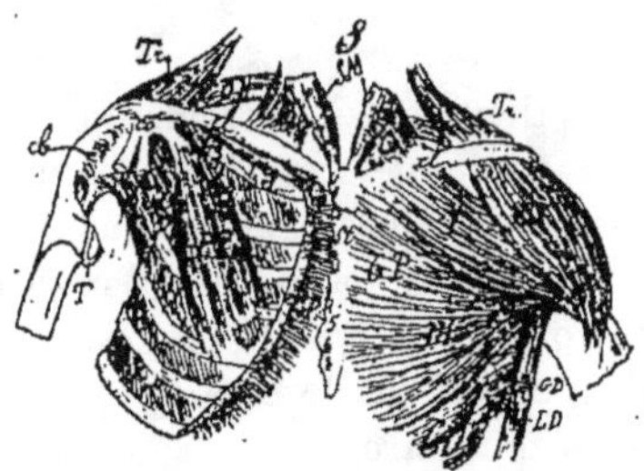

Fig. 8. — HOMME.

GP. Grand pectoral.
I. Portion claviculaire (épisternal).
III. Portion sterno-abdominale (pecto-abdominal).
T. Tendon.

PP. Petit pectoral.
scl. Sous-clavier. — cl. Clavicule. — co. Apophyse coracoïde.
cb. Coulisse bicipitale. — GO. Grand oblique de l'abdomen.
GD. Grand dentelé. — LD. Grand dorsal. — SM. Sterno-mastoïdien.
CM. Cléido-mastoïdien. — D. Deltoïde. — Tr. Trapèze.
OH. Omoplato-hyoïdien. — SS. Sous-scapulaire.
1, 2, 3, 4, 5, 6, 7. Lieux d'articulation des côtes avec le sternum st.

Le grand pectoral est en connexion intime avec le deltoïde vers son insertion mobile; mais les deux muscles laissent entre eux au-dessous de la clavicule, un interstice triangulaire (espace delto-pectoral) où se trouvent logées la veine céphalique et l'artère acromio-thoracique.

Ajoutons, pour terminer, que les faisceaux descendants du grand pectoral émanant de la clavicule et du manubrium sont généralement séparés des autres par un interstice cellulo-graisseux ; parfoismème ils forment un muscle tout à fait indépendant.

Le *petit pectoral* (PP) situé sous le précédent est aplati et triangulaire ; il s'insère d'une part sur les 3ᵉ, 4ᵉ et 5ᵉ côtes, d'autre part à l'aide d'un fort tendon sur l'apophyse coracoïde.

Le *sous-clavier* (scl) est un petit muscle transversal, longeant la face inférieure de la clavicule. Il s'insère : 1ᵒ sur le premier cartilage costal à son articulation avec le sternum ; 2ᵒ sur la face inférieure de la clavicule. Il est réuni par une aponévrose dite clavi-pectorale au bord supérieur du petit pectoral.

Anomalies. — Il n'est pas extrèmement rare de voir le sous-clavier se prolonger jusqu'au bord supérieur du scapulum et se perdre à la surface du sus-épineux ; d'après Meckel ce mode de terminaison est la règle chez beaucoup de singes ainsi que chez l'agouti, le porc-épic, le daman. Il est clair qu'en pareil cas le sous-clavier est devenu un vrai sterno pré-scapulaire.

Parfois le sous-clavier de l'homme se divise en deux chefs, l'un s'arrêtant sous la clavicule, l'autre gagnant le bord supérieur de l'épaule. Ce dernier est décrit comme un muscle supplémentaire, sous le nom de *sterno-chondro-scapulaire* par M. Testut dans son beau livre des anomalies musculaires chez l'homme. Wood qui en a fait une étude spéciale l'appelle *chondro-scapulaire*. Chez les coatis, ce chef scapulaire du sous-clavier est constant (Meckel).

Böhmer et Rosenmüller ont signalé chez l'homme un autre muscle surnuméraire, sous forme d'une petite bandelette située entre le sous-clavier et le petit pectoral et s'insérant d'une part sur l'extrémité de la première côte et le côté du manubrium, d'autre part sur l'apophyse coracoïde : c'est le *pectoralis minimus* de Grüber, le *sterno-costo-coracoïdien* de Testut.

DISCUSSION DES HOMOLOGIES.

La description sommaire que nous venons de faire des muscles qu'il s'agit de comparer était utile non-seulement pour la facilité de notre dissertation, mais encore pour rectifier quelques erreurs et combler plusieurs lacunes que nous avions constatées dans les ouvrages d'anatomie comparée. Nous pensons être le premier à signaler une clavicule, à l'état d'intersection fibreuse du mastoïdo-huméral, chez les ruminants et le porc ; nous avons trouvé une fois la même intersection claviculaire chez le cheval.

Les homologies des pectoraux ont donné lieu aux opinions les plus variées et les plus dissidentes, et, ce qui n'a pas peu contribué à ces divergences c'est qu'on a pris pour type de comparaison l'homme, dont la région pectorale a subi diverses coalescences, alors qu'il eût fallu choisir des espèces dont tous les muscles pectoraux sont bien distincts et développés telles que les solipèdes, le porc, le lapin, pour ne parler que des mammifères domestiques.

Voyons d'abord les opinions des principaux auteurs : Cuvier, Meckel décrivent le sterno-huméral et le sterno-aponévrotique des anatomistes vétérinaires comme la couche superficielle du *grand pectoral*, dont le sterno-trochinien serait la partie principale. Quant au sterno-pré-scapulaire il équivaudrait au petit pectoral de l'homme d'après Cuvier ; il ne serait pas représenté normalement chez l'homme d'après Meckel, ce serait l'équivalent du sous-clavier s'il faut en croire Galton, Rolleston, Gratiolet ; c'est peut-être le *pectoralis minimus* au dire de Windle, etc., etc.

Nous avons vu que Bourgelat, Girard, Rigot désignent le sterno-trochinien sous le nom de grand pectoral et le sterno-pré-scapulaire sous celui de petit pectoral. Je ne crois pas que ces qualificatifs impliquent, dans l'esprit de ces auteurs, une homologie avec les muscles pareillement nommés chez l'homme, car ils n'auraient pas manqué de dire à quoi correspond dans ce dernier le muscle qu'ils appellent « *commun au bras et à l'avant-bras* », c'est-à-dire le sterno-huméral et le sterno-aponévrotique réunis.

M. Chauveau associe le sterno-huméral avec le sterno-aponévrotique pour en faire le *pectoral superficiel* qui répondrait au grand pectoral de l'homme. Le sterno-trochinien associé au sterno-pré-scapulaire constitue le pectoral profond qui serait équivalent du petit pectoral de l'homme. Les auteurs allemands Leyh, Franck partagent la manière de voir de M. Chauveau.

Si l'on veut bien se reporter à la courte description des muscles en cause et aux dessins que nous en donnons, il n'est pas difficile de se convaincre que nos auteurs vétérinaires se sont trompés et qu'il faut revenir, à peu de chose près, aux homologies établies par l'illustre Cuvier. On ne saurait douter aujourd'hui que le grand pectoral de l'homme ne représente à la fois le sterno-huméral et le sterno-trochinien de nos animaux domestiques ; sa portion claviculaire si facile à séparer d'un coup de scalpel, et parfois même séparée naturellement du restant du muscle par un interstice de un à deux centimètres, équivaut rigoureusement au sterno-huméral : de part et d'autre on constate la même insertion sur l'humérus, les mêmes rapports avec le deltoïde et la veine céphalique, etc., la seule différence qu'on pourrait faire valoir réside dans l'insertion interne, et on l'explique tout naturellement par la disparition plus ou moins complète de la clavicule qui a obligé le muscle à transférer cette insertion sur la partie antérieure du sternum, chez les mammifères domestiques (fig. 8 I). Cette même disparition de la clavicule a eu une autre conséquence non moins remarquable, c'est de produire là fusion bout à bout du cléïdo-mastoïdien (fig. 8 C M), avec la partie claviculaire du deltoïde (D), fusion d'où résulte le mastoïdo-huméral (abstraction faite de sa portion postérieure). L'endroit de cette jonction est indiqué par une intersection osseuse chez le lapin et le chat, mi-osseuse, mi-fibreuse chez le chien, fibreuse ou fibro-cartilagineuse chez le porc et les ruminants, que nous avons déjà signalée comme un rudiment claviculaire.

Le restant du grand pectoral de l'homme, c'est-à-dire sa partie sterno-abdominale (III) équivaut au sterno-trochinien ; en effet les faisceaux qui la composent croisent obliquement en dessous les faisceaux claviculaires et se rassemblent sur la lame profonde du tendon, laquelle s'insère sur la lèvre externe de la coulisse bicipitale et parfois jusqu'au sommet du trochiter. Les insertions et les rapports sont donc les mêmes que ceux du sterno-trochinien ; seulement le thorax des quadrupèdes étant déprimé d'un côté à l'autre, et le bras plus ou moins appliqué contre son plan latéral, il s'ensuit que le muscle que nous envisageons est en partie couvert, et qu'il est beaucoup plus étendu dans le sens longitudinal que dans le sens transversal.

Quant au sterno-aponévrotique, on n'en voit le plus souvent aucune trace manifeste chez l'homme ; il est d'ailleurs très réduit dans beaucoup d'animaux. Toutefois, Tiedmann, Macalister, ont vu la portion sterno-abdominale du grand pectoral se cliver en une mince couche superficielle prolongeant la portion claviculaire, couche qui représentait très probablement le sterno-aponévrotique des quadrupèdes. D'ailleurs, étant donné l'indépendance du bras chez l'homme, on comprend très bien que le sterno-aponévrotique se soit extrèmement réduit, jusqu'à disparaître.

Jusqu'à présent nos déterminations homologiques ont été relativement faciles ; elles s'imposent à quiconque a fait un grand nombre de dissections sur des animaux d'espèces diverses ; mais les difficultés surgissent lorsqu'il s'agit de trouver l'équivalence du sterno-pré-scapulaire. Rappelons d'abord que ce muscle, tel que nous le comprenons est essentiellement caractérisé par son attache sur le manubrium (1), à l'angle de la première côte (attache qui de là peut s'étendre en arrière), et par sa terminaison au devant de l'épaule le long du sus-épineux — et que dans la série des mammifères dont nous nous occupons il existe seulement dans les solipèdes, le porc, les ruminants et le lapin. En effet nous avons rattaché au sterno-trochinien le petit faisceau décrit par Rigot et M. Chauveau comme le sterno-pré-scapulaire des ruminants et des carnivores, faisceau également mentionné chez le chat par Strauss-Durckeim, sous le nom de sterno-trochitérien. Ceci posé,

---

(1) On désigne ainsi la première pièce du sternum, particulièrement chez l'homme.

cherchons l'équivalent du sterno-pré-scapulaire chez l'homme.

Est-ce le petit pectoral, comme le disent Cuvier, Rigot, Lannegrace? Nous ne le pensons pas, et le lecteur sera sans doute de notre avis quand il aura jeté un coup d'œil sur les dessins joints à ce travail ; la position et les insertions du petit pectoral ne répondent guère à celles du sterno-pré-scapulaire. De deux choses l'une : ou le petit pectoral a purement et simplement disparu chez les mammifères domestiques, ainsi que cela se voit quelquefois chez l'homme (Kölliker), ou bien il s'est confondu avec le sterno-trochinien ; le peu de développement de l'apophyse coracoïde des animaux, comparativement à celle de l'homme, plaide en faveur de la première hypothèse.

Est-ce le sous-clavier, ainsi que le prétendent Gratiolet, Galton, Rolleston, etc. ? — C'est notre avis, parce que le sous-clavier de l'homme présente les mêmes connexions essentielles que notre sterno-pré-scapulaire et qu'il se prolonge souvent, soit directement soit par un chef supplémentaire jusqu'au bord supérieur de l'épaule ; d'ailleurs Meckel dit que dans beaucoup de singes, ainsi que dans l'agouti, le porc-épic, le daman, etc., le sousclavier se prolonge au-devant de l'épaule et semble être la portion antérieure du sus-épineux. On objectera sans doute qu'il est singulier que des animaux absolument dépourvus de clavicule, tels que les solipèdes, aient un sous-clavier énorme ; tandis que ce muscle est peu développé chez l'homme et tout à fait absent chez les carnivores malgré leur clavicule rudimentaire. Nous répondrons qu'il s'agit là d'un muscle essentiellement et primitivement pré-scapulaire qui ne devient moteur de la clavicule que par suite de l'atrophie de son attache sus-scapulaire.

D'autre part, M. Windle met en cause le muscle anormal décrit chez l'homme sous le nom de pectoralis minimus (Grüber), comme répondant peut-être au sterno-pré-scapulaire de nos animaux. Cette opinion est très soutenable en ce qui concerne le faisceau décrit à tort comme le sterno-pré-scapulaire des ruminants et des carnivores (voyez plus haut) ; mais nous ne pouvons l'admettre relativement au vrai sterno-pré-scapulaire qui représente fondamentalement le sous-clavier comme nous venons de le dire. D'ailleurs, le pectoralis minimus paraît n'être qu'un faisceau aberrant du petit pectoral et nous établirons plus loin que le petit pectoral doit être considéré en anatomie comparée comme une annexe du grand pectoral, particulièrement de sa portion sterno-abdominale.

Enfin une dernière question se pose : le sterno-pré-scapulaire, tel que nous l'avons décrit, est-il toujours identique à lui-même ? Ne comprendrait-il pas, chez les solipèdes, le porc, le lapin, une partie du sterno-trochinien, notamment le *faisceau annexe* de ce muscle ? Cette hypothèse est plausible, d'autant plus que le muscle en cause est relativement volumineux dans les espèces précitées, et que dans le porc et le lapin, il se divise facilement en deux portions placées l'une au-devant de l'autre. Si elle était démontrée, le sterno-pré-scapulaire représenterait tantôt le sous-clavier de l'homme exclusivement (bœuf, mouton), tantôt le sous-clavier et le pectoralis minimus confondus (solipèdes, porc, lapin).

Nous résumerons dans le tableau ci-dessous les homologies des muscles pectoraux de l'homme et des mammifères domestiques en marquant d'un ? celles qui laissent quelque doute dans notre esprit.

HOMME	ANIMAUX
Portion claviculaire du grand pectoral..............	Sterno-huméral.
Portion sterno-abdominale du grand pectoral	Sterno-trochinien.
Pas trace si ce n'est anormalement	Sterno-aponévrotique.
Sous-clavier	Sterno-pré-scapulaire.
Petit pectoral.............	Absent ou peut-être confondu avec le sterno-trochinien ?
Pectoralis minimus........	Faisceau annexe du sterno-trochinien, quelquefois réuni avec le sterno-pré-scapulaire ?

DES MUSCLES PECTORAUX EN GÉNÉRAL, NOUVELLE NOMENCLATURE.

Nous devons maintenant, à titre de conclusion, déduire la constitution générale de la région axillaire et chercher aux organes qui la composent des noms qui soient applicables à toutes les espèces. — Cette région comprend essentiellement quatre muscles que nous proposons de dénommer comme il suit :

1º L'épisternal (1) ; 2º le pecto-transversal 3º le pecto-abdominal ; 4º le pré-scapulaire.

A) L'*épisternal* (sterno-huméral des vétérinaires, portion claviculaire du grand pectoral des anthropotomistes) est toujours superficiel et en connexion étroite avec le deltoïde ou le mastoïdo-huméral (voir plus haut la constitution de ce dernier); la veine céphalique passe dans un interstice compris entre ces deux muscles. Il s'insère d'une part soit sur la première pièce du sternum et particulièrement sur son appendice cervical quand il existe, soit sur la clavicule; d'autre part il se termine sur l'humérus, plus ou moins haut sur cet os suivant que le bras est complètement libre, comme dans les primates, ou bien appliqué contre le thorax comme dans les quadrupèdes; chez ces derniers l'épisternal descend parfois jusqu'à la face interne de l'avant-bras.

B) Le *pecto-transversal* (sterno aponévrotique des vétérinaires) fait généralement défaut chez l'homme; il est très réduit dans d'autres espèces. Il est situé sous le précédent qu'il déborde toujours en arrière et quelquefois en avant. Ses fibres partent des premières pièces sternales et se portent transversalement soit sur l'humérus où elles s'insèrent sur une plus ou moins grande étendue, en dessous de l'épisternal et du mastoïdo-huméral, soit à la fois sur l'humérus et sur la face interne de l'avant-

---

(1) Si le mot épisthétique, (ἐπί sur στῆθος poitrail du cheval, par extension poitrine) était plus euphonique, je l'aurais préféré à épisternal (sur sternum), car ce dernier terme a l'inconvénient de rappeler à l'esprit l'*épisternum*, pièce squelettique superposée au sternum dans un certain nombre de vertébrés.

bras. Dans les animaux qui ont les coudes contre la poitrine le pecto-transversal s'insère principalement sur la face interne de l'avant-bras, très peu sur l'humérus ; au contraire dans ceux dont les coudes sont bien détachés, ce muscle s'insère principalement ou même exclusivement sur l'humérus et jusqu'à l'extrémité supérieure de cet os.

C) Le *pecto-abdominal* (sterno-trochinien des vétérinaires, portion sterno-abdominale du grand. pectoral des anthropotomistes) est en général le plus considérable des quatre. Il est situé sous les deux précédents qu'il dépasse en arrière, au contact de la portion thoracique du grand oblique et du grand droit de l'abdomen ; souvent il se confond à son bord externe avec le peaucier (dermo-huméral de Strauss-Durckeim). Ses fibres partent de la partie postérieure du sternum, sur une longueur variable ; elles peuvent s'élever jusqu'au premier segment de cet os, mais sans jamais atteindre le niveau de la première côte; souvent elles s'étendent plus ou moins loin sur la surface abdominale en s'éloignant de la ligne médiane. Dans les animaux à poitrine déprimée d'avant en arrière (homme), le pecto-abdominal prend en outre insertion sur quelques côtes, tandis que chez les quadrupèdes, il concentre ses insertions sur le sternum à peu de chose près. De ces divers points, les fibres de ce muscle se portent en avant et en dehors, dans une direction d'autant plus oblique que la poitrine est plus comprimée latéralement, et le sternum plus allongé; elles se terminent en des points nombreux et variables : sommet du trochiter, lèvre externe de la coulisse bicipitale, apophyse coracoïde (directement ou par l'intermédiaire du tendon du coraco-huméral), trochin, capsule scapulo-humérale, aponévrose d'enveloppe du biceps, fascia des muscles internes du bras.

Accessoire du pecto-abdominal. Sous ce nom nous désignons le petit pectoral de l'homme et son faisceau aberrant le « pectoralis minimus ».

S'il était utile d'accorder l'autonomie à ce faisceau antérieur du sterno-trochinien des ruminants et des carnivores, dont nous avons parlé à plusieurs reprises, nous le baptiserions aussi *accessoire du pecto-abdominal.*

D) Quant au *pré-scapulaire* (sous-clavier de l'homme avec ses divers faisceaux surnuméraires, sterno-pré-scapulaire des animaux domestiques), c'est un muscle qui fait toujours défaut chez le chien et le chat, qui manque quelquefois chez le mouton et chez l'homme, qui est très grêle chez le bœuf, et qui acquiert tout son développement chez le lapin, le porc et surtout les solipèdes. Il est situé sous la clavicule, lorsqu'elle existe. Il s'insère d'une part sur l'angle formé par la première côte et le sternum, s'étendant quelquefois sur les deux ou trois premiers segments de cet os ; d'autre part il se termine soit sur la clavicule soit principalement au-devant de l'épaule, le long du sus-épineux.

Tel est, à notre avis, le plan de construction de la région pectorale et tels sont les noms que nous proposons d'adopter pour les muscles de cette région. En présence des confusions auxquelles ont donné lieu les noms employés jusqu'à ce jour, noms tirés du volume ou des attaches, nous avons cru qu'une nomenclature nouvelle s'imposait qui fût applicable à toutes les espèces ; cette nomenclature devait être basée sur les connexions, car un muscle peut bien changer d'insertions, diminuer de volume, disparaître même, mais jamais il ne se transpose ; c'est une loi parfaitement établie par les Geoffroy-Saint-Hilaire.

Nous n'avons point adopté la nomenclature de M. Chauveau bien qu'elle soit conforme à cette loi, parce qu'elle a prêté et prêterait encore à des erreurs. En effet, lorsque la portion postérieure du pectoral superficiel fait défaut ainsi que cela se remarque chez l'homme, le pectoral profond se trouve en premier plan, et comme ce dernier muscle peut se dédoubler dans son épaisseur, il est facile de prendre le nouvel organe qui en résulte pour le pectoral profond et le pectoral profond véritable pour la portion disparue du pectoral superficiel.

Le tableau ci-dessous résume nos conclusions :

	Épisternal	Pré-scapulaire	Pecto-transversal	Pecto-abdominal	Accessoire du pecto-abdominal
Homme..	Portion claviculaire du grand pectoral.	Sous-clavier.	Absent si ce n'est exceptionnellement	Portion sterno-abdominale du grand pectoral.	Petit pectoral et son faisceau aberrant le pectoralis minumus.
Cheval...	Sterno-huméral.	Sterno-pré-scapulaire	Sterno-aponévrotique	Sterno-trochinien.	Absent.
Porc.....	Id.	Id.	Id.	Id.	Id.
Lapin....	Id.	Id.	Id.	Id.	Id.
Bœuf....	Id.	Petit muscle jusqu'à présent décrit comme un chef sternal du mastoïdo huméral.	Id.	Id.	Faisceau plus ou moins isolable du sterno-trochinien considéré jusqu'à ce jour comme le sterno-pré-scapulaire.
Mouton..	Id.	Id.	Id.	Id.	Id.
Chien....	Id.	Absent.	Id.	Id.	Id.
Chat.....	Id.	Id.	Id.	Id.	Id.

Opinion de M. Bertram Windle (in loc. cit.) M. Windle distingue en général cinq muscles pectoraux auxquels il donne les noms de : *manubrial superficiel, manubrial profond, gladiolaire, costal* et *abdominal.* Le manubrial superficiel et le gladiolaire correspondent respectivement à l'épisternal et au pecto-transversal, mais l'équivalence cesse entre le manubrial profond et le pré-scapulaire ; ainsi M. Windle attribue un manubrial profond au chien, au chat tandis que nous admettons que ces animaux n'ont pas de pré-scapulaire ; d'autre part M. Windle ne fait aucune mention du pré-scapulaire du bœuf et du mouton et cependant il attribue à celui-là un manubrial profond ; il est clair que ce prétendu muscle n'est autre chose que l'accessoire de notre pecto-abdominal. Enfin là où nous trouvons un pré-scapulaire très développé (lapin, porc, solipèdes), M. Windle émet des doutes sur l'existence du manubrial profond. Sur ce point donc, notre désaccord est complet. Le lecteur jugera. Ce n'est pas tout : au lieu du pecto-abdominal, l'anatomiste anglais distingue deux muscles, le costal et l'abdominal qui seraient souvent confondus, et dont l'un pourrait exister à l'exclusion de l'autre. Par exemple, chez le cheval, le porc, le bœuf et le mouton, ces deux organes seraient fusionnés ; chez le chien et le chat ils seraient distincts ; chez le lapin le costal existerait seul ainsi que chez l'homme (1). Toutefois, chez ce dernier, l'abdominal apparaîtrait quelquefois sous forme d'un petit muscle surnuméraire qu'on a appelé le *pectoralis quartus* : « C'est, dit Cruveilher, un faisceau très grêle, né de l'aponévrose abdominale, longeant le bord externe du grand pectoral et venant se terminer à l'épitrochlée par une petite languette tendineuse qui suit le bord interne du bras ». Ce petit muscle, d'ailleurs fort variable (voyez Testut in loc. cit.), nous paraît équivaloir au faisceau que nous avons décrit chez le chien comme une dépendance du panicule charnu ou dermo-huméral ; ce serait le seul vestige du panicule charnu de l'homme. Jusqu'à plus ample informé nous nous refusons à en faire un muscle pectoral particulier, et sur-

---

(1) M. Windle considère le petit pectoral de l'homme comme la couche profonde du costal.

tout à l'assimiler à la partie abdominale du sterno-trochinien de nos grands animaux. Quant à la division du
sterno-trochinien du chat, elle est artificielle ; on peut en
faire la pareille chez le lapin et chez d'autres espèces ;
aussi ne comprenons-nous pas que M. Windle refuse un
abdominal au lapin, alors qu'il accorde ce muscle au chat.
Nous ne comprenons pas davantage pourquoi il voit dans
le pecto-abdominal du cheval, du bœuf, du porc, un costal
et un abdominal confondus, alors qu'il considère le même
muscle chez l'homme comme le costal exclusivement ;
n'est-il pas évident à la simple inspection des figures ci-
dessus que ce sont deux organes équivalents? S'il est des
animaux auxquels on puisse dénier le prétendu muscle
abdominal, ce sont assurément les carnivores car leur
pecto-abdominal ne dépasse pas l'extrémité postérieure du
sternum ; or, c'est juste à ces animaux que M. Windle
reconnaît un abdominal distinct; j'en conclus que ce muscle
mentionné sous les divers noms de pectoralis quartus,
brachio-abdominal, portion ventrale du grand pectoral,
etc., est, soit un faisceau aberrant du pannicule charnu, soit
une portion du pecto-abdominal artificiellement séparée.

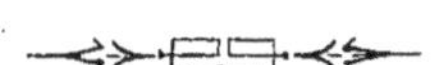

www.ingramcontent.com/pod-product-compliance
Lightning Source LLC
Chambersburg PA
CBHW061644050726
47598CB00004B/1445